Sara Blasco Hernanz
Adrián Duro Peinó
Jorge Lozano Mendoza

Distribuição e abundância de martas na Comunidade de Madrid

AF545635

Sara Blasco Hernanz
Adrián Duro Peinó
Jorge Lozano Mendoza

Distribuição e abundância de martas na Comunidade de Madrid

Determinantes antrópicos e naturais

ScienciaScripts

Imprint

Any brand names and product names mentioned in this book are subject to trademark, brand or patent protection and are trademarks or registered trademarks of their respective holders. The use of brand names, product names, common names, trade names, product descriptions etc. even without a particular marking in this work is in no way to be construed to mean that such names may be regarded as unrestricted in respect of trademark and brand protection legislation and could thus be used by anyone.

Cover image: www.ingimage.com

This book is a translation from the original published under ISBN 978-620-2-24476-3.

Publisher:
Sciencia Scripts
is a trademark of
Dodo Books Indian Ocean Ltd. and OmniScriptum S.R.L publishing group

120 High Road, East Finchley, London, N2 9ED, United Kingdom
Str. Armeneasca 28/1, office 1, Chisinau MD-2012, Republic of Moldova, Europe
Managing Directors: Ieva Konstantinova, Victoria Ursu
info@omniscriptum.com

Printed at: see last page
ISBN: 978-620-8-50540-0

Copyright © Sara Blasco Hernanz, Adrián Duro Peinó, Jorge Lozano Mendoza
Copyright © 2024 Dodo Books Indian Ocean Ltd. and OmniScriptum S.R.L publishing group

Índice

Resumo

A seleção do habitat é um aspeto fundamental da vida e da atividade dos animais. O conhecimento dos seus requisitos ecológicos permite uma melhor compreensão da sua biologia, bem como uma melhor gestão e mitigação das ameaças de conservação que enfrentam. Este estudo avalia a importância de diferentes variáveis antrópicas e naturais para a distribuição e abundância da marta (*Martes foina*, Erxleben, 1777) na Comunidade Autónoma de Madrid. Para o efeito, foram amostrados 90 transectos de 1 km e calculados índices de abundância relativa baseados na frequência de ocorrência de dejectos. Os dados sobre a presença das diferentes espécies foram recolhidos no terreno e os valores de diferentes variáveis antrópicas e naturais foram calculados em camadas SIG a duas escalas espaciais (território e paisagem). Com os dados de presença e as variáveis climáticas, foi obtido um modelo de distribuição (SDM) que indicou que o habitat ideal para as martas se concentra no norte e sudoeste da região. Os modelos lineares gerais (GLM) de abundância mostraram uma relação negativa da abundância da marta com os factores antropogénicos (urbanização, infra-estruturas lineares, pecuária e agricultura), enquanto foi positiva com algumas variáveis naturais (cobertura arbustiva e aquática, e abundância de gatos-bravos) e negativa com outras (cobertura herbácea).

A importância da conservação da marta é sublinhada devido ao seu papel nos ecossistemas, nomeadamente como dispersor de sementes ou predador (regulação das populações de presas, como os roedores). Assim, as medidas relacionadas com a manutenção do seu estado de conservação favorável devem ser levadas a cabo para garantir a persistência de uma espécie que presta importantes serviços aos ecossistemas.

Palavras-chave: distribuição, factores antropogénicos, factores naturais, marta, habitat, índices de abundância, sinais indirectos, MaxEnt.

Introdução

Desde 1970, a abundância de vertebrados terrestres diminuiu 60%, o que é pelo menos 100 vezes mais do que seria de esperar naturalmente (Gonçalves-Souza *et al.*, 2020). A causa mais proeminente destas extinções é a alteração dos ecossistemas, principalmente devido à agricultura (Gonçalves-Souza *et al.*, 2020). No entanto, não é a única atividade que influencia diretamente a perda de biodiversidade, mas existem outras como as indústrias extractivas, a produção de energia, a gestão da água, o abate de árvores, outras alterações do uso do solo, a poluição e as alterações climáticas, entre outras (Kok *et al.*, 2018).

Em consequência, muitas paisagens foram transformadas em mosaicos semi-naturais de intensidade variável de perturbação, misturados com manchas de habitats originais. A magnitude do seu efeito na biodiversidade dependerá da capacidade das espécies para se adaptarem a estes novos mosaicos (Semenchuk *et al.*, 2022).

Mesocarnívoros como a marta (*Martes foina*) desempenham um papel fundamental nos ecossistemas ao prestarem serviços ecossistémicos como predadores, competidores, espécies guarda-chuva, dispersores de sementes, necrófagos, entre outros (Recio *et al.*, 2015) e alterações na sua abundância ou composição da comunidade têm repercussões nas alterações dos ecossistemas e na sua funcionalidade (Recio *et al.*, 2015). No entanto, na maior parte da literatura são descritos como tendo um impacto negativo nos sistemas agrícolas, ou mesmo nos habitats naturais, como a predação de espécies ameaçadas ou de valor cinegético, danos nas culturas ou monopolização dos recursos do habitat (Ćirović *et al.*, 2016; Lozano *et al.*, 2019).

A marta é um mustelídeo de tamanho médio, com caraterísticas morfológicas caraterísticas de hábitos noturnos e adaptação a um ambiente arbóreo (Goszczyński *et al.*, 2007). É de origem paleártica, ocupando a maior parte da Europa central e meridional e uma faixa na Ásia central (Virgós & García, 2002). Em Espanha distribui-se por todo o território peninsular, mas apresenta uma distribuição desigual; é localmente abundante em algumas áreas e rara ou ausente em grandes áreas aparentemente ótimas (Mangas & Rey Juan Carlos, 2017).

As necessidades de habitat da marta têm sido descritas como não específicas, ou seja, encontra-se numa grande variedade de condições, desde florestas diversas (prados mediterrânicos, caducifólias e coníferas), áreas urbanizadas, zonas rochosas ou áreas abertas (estepes e culturas), variando de acordo com a sua distribuição geográfica (Virgós *et al.*, 2010). Por exemplo, alguns estudos mostram que no centro da Península Ibérica a marta tem preferência por habitats arborizados e zonas rochosas (Virgós *et al.*, 2000).

A marta é uma espécie generalista cuja dieta varia sazonalmente (preferindo micromamíferos na primavera-verão e frutos no outono-inverno) e de acordo com a sua distribuição geográfica, sendo mais carnívora nas regiões do sul e mais frugívora no norte (Mangas & Rey Juan Carlos, 2017). Tem uma grande variedade de presas, podendo alimentar-se desde ratos e musaranhos a coelhos, lagartos, aves e insectos. É também uma espécie necrófaga e um predador oportunista. Em termos de matéria vegetal, consome frutos doces e carnudos como o zimbro, a amora, a roseira brava, o medronheiro e a uva-ursina (Barrientos & Virgós, 2006).

As interações entre plantas e frugívoros são da maior importância para assegurar o funcionamento da maioria dos ecossistemas terrestres. Assim, as alterações na estrutura do habitat (por exemplo, fragmentação do habitat), a degradação da comunidade de frugívoros (por exemplo, defaunação) ou a modificação do seu comportamento (por exemplo, alterações na dieta) podem alterar o mutualismo funcional entre estes grupos. Como consequência, podem surgir novas interações de dispersão de sementes ou, , a perda de ligações-chave entre ecossistemas (Burgos *et al.*, 2024).

Os mesocarnívoros apresentam caraterísticas funcionalmente únicas em comparação com outros frugívoros especializados, como as aves (Traveset *et al.*, 2014), que geralmente derivam das suas preferências alimentares distintas, capacidades de deslocação e utilização do habitat (Burgos *et al.*, 2024). No entanto, poucos estudos abordaram a forma como as perturbações ecológicas que afectam as comunidades de carnívoros influenciam o processo de dispersão de sementes.

A alteração da abundância e do comportamento dos principais frugívoros, como as martas, pode afetar as componentes de quantidade (ou seja, o número de sementes) e qualidade (ou seja, a probabilidade de uma semente dispersa sobreviver para se tornar um novo adulto reprodutor) da eficácia da dispersão de sementes (Burgos *et al.*, 2024).

A seleção do habitat é considerada um aspeto fundamental da atividade faunística, uma vez que afecta a sua aptidão física. As escolhas que um indivíduo faz sobre os habitats a utilizar num determinado ambiente reflectem um equilíbrio entre a maximização do consumo de energia e as restrições correspondentes. Muitos factores ecológicos podem afetar positiva ou negativamente a escolha do habitat: por exemplo, a disponibilidade de alimentos, o risco de predação, a cobertura vegetal ou a competição inter e intra-específica por recursos (Molina-Vacas *et al.*, 2012). No caso específico dos predadores, este é um processo fundamental, uma vez que também molda as comunidades ecológicas através das interações predador-presa (Grenier-Potvin *et al.*, 2021).

As variáveis climáticas, como a temperatura e a precipitação, são utilizadas em estudos de seleção de habitats à escala global, regional e da paisagem. Estas variáveis são utilizadas para medir a disponibilidade de recursos primários essenciais, como o calor, a água, a luz e outros (Philips *et al.*, 2006). Além disso, com estes dados, podem ser feitas extrapolações para outras situações e podem ser feitas previsões relativamente às alterações climáticas. Estas variáveis climáticas foram anteriormente utilizadas em estudos de adequação de habitat em espécies como a marta e o sisão (*Martes martes martes*) no norte da Península (Vergara *et al.*, 2016), e noutras espécies de carnívoros (Bai *et al.*, 2018; Kina *et al.*, 2020).

Apesar do seu carácter generalista e da sua grande adaptabilidade, tanto seleção do habitat como alimentação, a perda de habitats naturais é uma das principais ameaças à conservação da marta, uma vez que provoca a redução das florestas a pequenas manchas isoladas, onde a probabilidade de sobrevivência é baixa. Outra causa de mortalidade são as infra-estruturas lineares, como estradas e auto-estradas, que reduzem a população adulta e a população juvenil em dispersão ao serem atropeladas (Abramov *et al.*, 2016). Em zonas como Ibiza, a marta foi introduzida pelo homem e posteriormente declarada extinta no século XX, principalmente devido à caça para a de peles. No entanto, atualmente, a caça não é considerada uma ameaça importante para a espécie, exceto em algumas regiões da Europa de Leste, uma vez que a sua pele perdeu valor (Abramov *et al.*, 2016). Em todo o caso, a União Internacional para a Conservação da Natureza (UICN) considera atualmente a espécie como "Pouco Preocupante" (LC) (UICN, 2015).

Assim, estudar quais os fatores antropogénicos e naturais que determinam a distribuição e abundância das martas é uma ferramenta crucial para estabelecer medidas gestão e manejo adequadas para manter o estado de conservação da espécie e dos ecossistemas em que vivem, mantendo os processos ecológicos que fornecem os serviços ecossistémicos dos quais a sociedade humana beneficia (Léonard *et al.*, 2019; Lozano *et al.*, 2019).

Objectivos e hipóteses

O objetivo geral deste trabalho é estudar os factores ecológicos que determinam a distribuição e a abundância da marta na Comunidade de Madrid, um tema pouco estudado até à data. Para tal, será desenvolvido um modelo de distribuição de espécies (SDM) para representar a aptidão do habitat da marta na Comunidade de Madrid com base em factores climáticos, calculando a área de habitat adequado para a marta-das-faias na região. Além disso, serão obtidos dois modelos de abundância, um para factores antrópicos e outro para factores naturais, considerando ambas as escalas espaciais.

Assim, são propostas as seguintes hipóteses:

- Hipótese 1 (H_1): espera-se que as zonas mais aptas da Comunidade de Madrid para a marta dependam principalmente da temperatura, sendo as zonas mais térmicas geralmente as menos aptas.
- Hipótese 2 (H_2): a abundância de martas será mais elevada em zonas dominadas por bosques e com elevado coberto rochoso.
- Hipótese 3 (H_3): a abundância de martas estará negativamente

relacionada com áreas de vegetação natural esparsa e áreas altamente antropizadas.

Materiais e métodos

Área de estudo

O estudo foi realizado na Comunidade Autónoma de Madrid (Espanha), localizada na parte central da Península Ibérica (Figura 1). Abrange uma área de 8.028 km2 com uma população de sete milhões de habitantes, com uma densidade superior a 800 habitantes/km2 (INE, 2023), o que a torna uma das mais elevadas do país. Esta região caracteriza-se pela sua diversidade paisagística, zonas muito povoadas a zonas de cultivo, pastagens e zonas montanhosas.

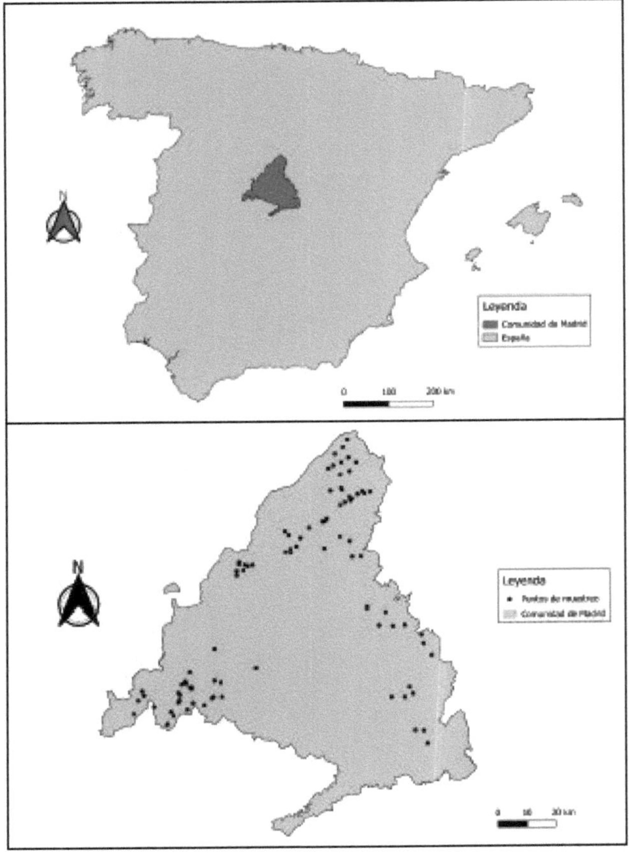

Figura 1. Distribuição dos locais de amostragem efectuados na Comunidade de

Madrid. Os pontos pretos representam a coordenada média da localização de cada transecto.

A vegetação de clima mediterrânico típico é constituída por uma mistura de florestas dominadas por azinheiras (*Quercus ilex ballota*) que se encontram principalmente no sudoeste e no centro da província e, em menor escala, no norte e no sudeste. Os matos de *Cistus ladanifer* e *Retama sphaerocarpa* são os elementos dominantes do sub-bosque de azinheira. Estes mosaicos são intercalados por pinheiros (*Pinus pinea* e *Pinus pinaster*) e zimbro (*Juniperus oxycedrus*), que costumam ser acompanhados por giesta (*Retama sphaerocarpa* ou *Salvia rosmarinus*), esteva (*Cistus* spp.), tomilho (*Thymus* spp.) ou alfazema (*Lavandula* spp.), entre outros.

Os carvalhais decíduos de *Quercus pyrenaica* e arbustos como *Cistus laurifolius* e *Cytisus scoparius* são também comuns nas zonas montanhosas do território, onde o clima é geralmente mais húmido e fresco, com secas menos pronunciadas. Os pinhais de maior altitude são formações *de Pinus sylvestris*, que suportam invernos mais frios e facilitam a manutenção do manto de neve (Lozano, 2010).

As superfícies cultivadas da Comunidade de Madrid ocupam cerca de 27% do seu território, principalmente cereais como a cevada (*Hordeum vulgare*), oliveiras (*Olea europea*) e vinhas (*Vitis vinifera*), mas também regadio e pastagens (Direção Geral de Agricultura e Pecuária, 2015). A vegetação ribeirinha caracteriza-se por choupos (*Populus* spp.), ulmeiros (*Ulmus* spp) e diversas espécies herbáceas (Rivas-Martínez *et al.*, 1987).

Conceção da amostragem no terreno

A metodologia utilizada para estimar a abundância da marta-pedra consistiu numa amostragem indireta de sinais, em transectos lineares de 1 km de comprimento por estrada, para detetar a presença da marta-pedra através das suas deposições. Embora existam várias técnicas para determinar a abundância de uma espécie, tais como censos de contagem direta, neste caso não seria viável porque não é uma espécie facilmente visível, mas pelo contrário, é um animal solitário, esquivo e predominantemente noturno (Mangas & Rey Juan Carlos, 2017). Além disso, a amostragem indireta de sinais é eficiente para as martas, minimamente invasiva e de baixo custo (Virgós *et al.*, 2010). Com esta metodologia, pode calcular-se um índice de abundância relativa, baseado na frequência de ocorrência de dejectos na estrada, que fornece uma aproximação fiável da abundância real da espécie (Mangas *et al.*, 2008; Martin-García *et al.*, 2022).

Os excrementos de marta foram identificados pela sua forma, tamanho, odor e localização; quando a sua identificação não era clara, não foram considerados para o estudo (Mangas *et al.*, 2008). O seu aspeto é alongado e geralmente formam um laço, são normalmente escuros e muito pegajosos, com todo o tipo de materiais colados à sua superfície (Figura 2).

Figura 2. excrementos de marta na margem de um dos transectos amostrados,

mostrando a sua morfologia, cor, viscosidade e tamanho comparação com o GPS Garmin eTrex 32X.

A amostragem foi realizada entre março e julho de 2022-2024, 90 transectos. Sabe-se que várias espécies de carnívoros, incluindo as martas, depositam fezes para marcar áreas proeminentes dos seus territórios (Barja & Bárcena, 2002). Assim, apenas os indivíduos territoriais são considerados. O transecto consistiu num comprimento de 1km dividido em 5 segmentos de 200m cada. Em cada segmento, para além dos excrementos da marta, foram registados os excrementos de dois outros mesocarnívoros: o gato-bravo (*Felis silvestris*) e a raposa (*Vulpes vulpes*); bem como de cão (*Canis familiaris*), coelho *(Oryctolagus cuniculus*) e javali (*Sus scrofa*) (Figura 3).

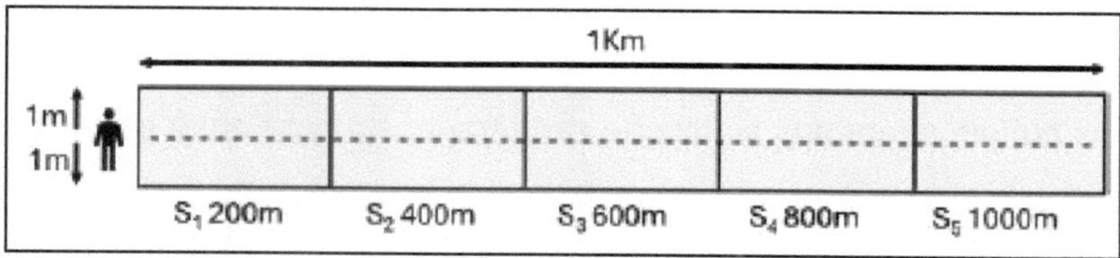

Figura 3: Representação esquemática de cada transecto amostrado.

Posteriormente, foram calculados os índices de abundância relativa das espécies, com base na frequência de ocorrência dos sinais. O número de segmentos em que os sinais de cada espécie estavam presentes (0min-5max) foi quantificado ( ) e dividido pelo número total de segmentos (5). O resultado, assim normalizado entre 0 e 1, é então utilizado como índice de abundância relativa:

$$IA = \frac{N^{\underline{o}}\ de\ segmentos\ con\ presencia\ de\ indicios}{N^{\underline{o}}\ total\ de\ segmentos\ (5)}$$

Para calcular a abundância relativa do coelho-bravo, utilizou-se o número de latrinas encontradas por quilómetro, segundo Palma *et al.*

(1999):

$$IA = \frac{\Sigma\ N^{\underline{o}}\ de\ letrinas\ de\ cada\ segmento}{1\ km}$$

Recolha de outros dados sobre a vegetação, as infra-estruturas humanas e .

Dependendo da escala de estudo, as variáveis que afectam a abundância de uma espécie podem variar, pelo que é desejável incluir várias escalas estudos sobre o habitat (Orians & Wittenberger, 1991). Rettie & Messier (2000) propuseram que, a uma grande escala espacial, o padrão dominante é evitar factores de aptidão negativos, enquanto os factores limitantes menos importantes são os que influenciam o habitat a escalas mais pequenas. Por conseguinte, foram selecionadas duas escalas espaciais para o estudo, aplicando dois buffers diferentes à volta de cada transecto para obter dados.

O primeiro buffer, com um raio de 2000 m, corresponde a uma superfície de 12,6 ^{km2} e foi considerado à escala da paisagem. Assim, considera-se que esta zona tampão de 1257 ha permite captar amplamente a informação sobre a localização da população de martas. O segundo buffer, com um raio de 750 m, corresponde a uma superfície de 0,79 ^{km2} e é considerado como abrangendo a informação do território de cada marta (79 ha).

A marta em ambientes naturais apresenta territorialidade contra indivíduos do mesmo sexo, mas sobrepõe os seus territórios aos do sexo oposto, cobrindo normalmente 2 ^{km2} nestes ambientes e sendo a sua área de ocupação menor em áreas humanizadas (Ministério da Transição Ecológica e do Desafio Demográfico, 2023). O tamanho da sua área de vida pode ser de algumas centenas de hectares e a dos machos pode ser até três vezes maior do que a das fêmeas. Os seus territórios não são utilizados de forma homogénea, mas apresentam um padrão de ocupação irregular, dependendo da disponibilidade de alimentos e abrigos (Mangas & Rey Juan Carlos, 2017).

Assim, utilizando Sistemas de Informação Geográfica (SIG), foi obtida informação sobre um total de 30 variáveis naturais (e.g. coberto florestal) e antropogénicas (e.g. infra-estruturas humanas), medidas nos 2 buffers selecionados centrados em torno do ponto médio (600m) de cada transecto (ver Anexo, Tabela 1).

Modelo de distribuição de espécies (SDM)

Software como o MaxEnt (Maximum Entropy) é utilizado para representar, analisar e discutir a distribuição potencial das espécies, como para identificar os habitats que ocupam e os factores associados. O MaxEnt é um algoritmo que se baseia na teoria dos nichos e prevê padrões de distribuição de uma espécie numa determinada área apenas com dados de presença e diferentes factores ambientais (Bai *et al.*, 2018). Assim, os dados de entrada são representados pelas coordenadas dos pontos de ocorrência de uma espécie e preditores (dados geográficos) que descrevem a variabilidade espacial dos factores (bióticos e/ou abióticos) considerados em toda a área de estudo.

Por um lado, maximiza-se a entropia no espaço, ou seja, procura-se a distribuição geográfica mais uniforme da presença prevista da espécie. Por outro lado, maximiza-se a semelhança, ou seja, procura-se ajustar o modelo de modo a que as suas previsões sobre a localização da espécie-alvo num determinado espaço geográfico sejam tão coerentes quanto possível com o que era esperado com base em dados anteriores ou conhecimentos prévios (Lissovsky & Dudov, 2021).

Para gerar o modelo, os 31 transectos com presença de marta foram selecionados juntamente com as 19 camadas climáticas do Worldclim (Fick & Hijmans, 2017) (ver Anexo, Tabela 2) e adaptados ao formato necessário para o software MaxEnt (ficheiros .csv com coordenadas de presença em latitude e longitude, incluindo o nome da espécie e ficheiros de camadas ambientais em formato raster, com todas as camadas com a mesma resolução espacial, extensão e sistema de coordenadas). Seguindo o exemplo de Bai *et al.* (2018), foram realizadas 10 réplicas com o formato de saída "Logistic", usando 25% dos dados de presença para o ajuste do modelo, enquanto 75% dos dados restantes foram usados para gerar o modelo final. O resto das configurações foram deixadas como padrão.

A medida básica para avaliar a qualidade do modelo gerado pelo MaxEnt é área sob a Curva Caraterística de Operação do Recetor (AUC_ROC). Quanto mais próximos os valores estiverem de 1, mais significativo é o modelo em relação a um modelo aleatório (AUC=0,5) (Phillips *et al.*, 2006); e, por conseguinte, melhor é o modelo na previsão da adequação do habitat. Valores acima de 0,5 são modelos aceitáveis e abaixo desse limiar são rejeitados como inválidos. Os modelos com uma AUC>0,75 são geralmente considerados potencialmente úteis (Elith *et al.*, 2002). No modelo resultante, a adequação do habitat foi reclassificada, como recomendado por Chefaoui *et al.* (2005), nas seguintes categorias: qualidade muito baixa (0-0,25), qualidade baixa (0,25-0,50), qualidade alta (0,50-0,75) e qualidade muito alta (0,75-1).

Análise estatística

A normalidade e a homogeneidade das variâncias foram verificadas para a variável dependente e, se esta não satisfizesse os requisitos dos testes paramétricos, era normalizada ou testada quanto à curtose positiva (Underwood, 1996).

Os modelos de ocupação e os modelos lineares generalizados (GLM) são também utilizados para explorar a relação entre a abundância das espécies e os factores ambientais descritivos do habitat Bai *et al.*, 2018). Assim, o método escolhido para a análise de dados quantitativos foi a construção de modelos lineares generalizados (GLMs) backward stepwise. Assim, foram construídos 2 modelos para a abundância da marta, utilizando o logaritmo do índice de abundância relativa da marta como variável de resposta, e o resto das variáveis ambientais ou antropogénicas como preditores de acordo com cada modelo.

Para reduzir o número de variáveis preditoras a fatores ortogonais, foram realizadas Análises Fatoriais (Osborne, 2014). De referir que os fatores ortogonais foram extraídos utilizando o procedimento de componentes principais, e rodando os eixos com o método "Varimax". Vários estudos têm demonstrado que a utilização deste método em processos estatísticos evita a multicolinearidade entre variáveis preditoras (e.g. Graham, 2003).

Uma vez sintetizadas as variáveis ambientais em factores ortogonais, obteve-se um GLM para estudar a importância dos factores antropogénicos, medidos nas duas escalas espaciais acima indicadas, sobre a abundância da marta; e um segundo modelo foi construído com os factores naturais.

A extração de dados das variáveis preditoras nas duas escalas espaciais selecionadas, a adaptação das camadas raster para o MaxEnt e o cálculo da área das diferentes categorias de adequação do habitat foram efectuados com o QGIS 3.34.1 para Windows. Outras análises estatísticas e a modelação da abundância foram efectuadas com o Statgraphics 19 X64.

Resultados

Foram encontrados sinais (excrementos) de martas em 31 transectos de um total de 90 amostrados, ou seja, obtivemos dados de presença 34,4% dos transectos (valor médio do índice de abundância 0,04, erro padrão 0,06, valor máximo 0,25, valor mínimo 0,25, valor mínimo 0).

Modelo de distribuição (SDM) para martas

Os resultados do MaxEnt ROC (Figura 4) mostraram um valor AUC médio de 0,767, indicando que as previsões obtidas a partir do modelo MaxEnt para a presença da marta em Madrid eram de alta qualidade ou úteis.

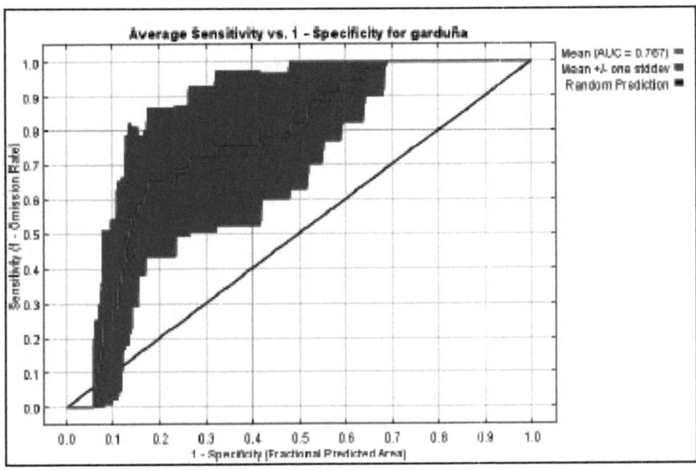

Figura 4. Representação da verificação ROC da distribuição da aptidão do habitat para a marta na Comunidade de Madrid efectuada pelo MaxEnt.

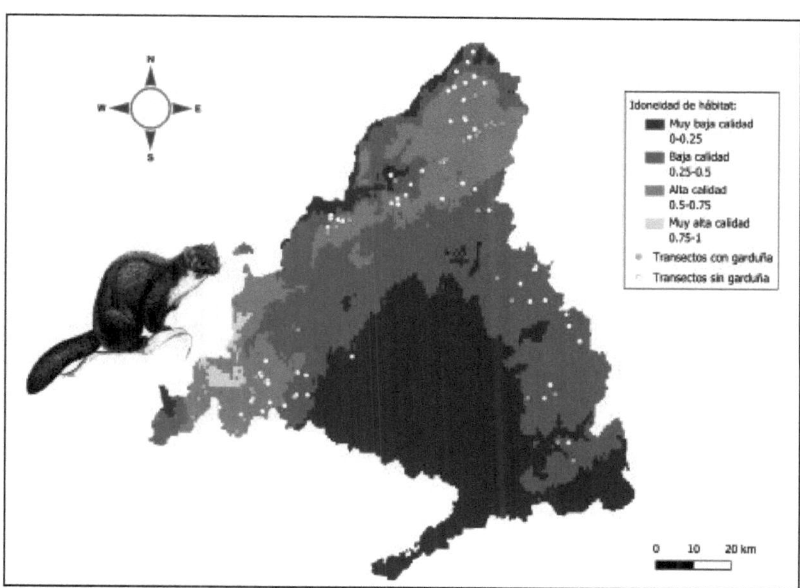

Figura 5: Mapa que representa a aptidão climática do habitat das martas na Comunidade de Madrid com os dados de presença obtidos neste estudo.

De acordo com o modelo de distribuição obtido (Figura 5), estima-se que o habitat adequado ou ideal se localiza principalmente ao longo de zonas montanhosas como a Serra de Guadarrama, que tem uma altitude entre 1000-2000 m, e na zona dos pântanos a sudoeste de Madrid (Serra Oeste), onde podemos encontrar planícies e zonas até 1000 m. A área de qualidade de habitat alta e muito alta para as martas cobre uma superfície de 1640,72 km2 (Tabela 1).

Tabela 1. Classificação e quantificação da superfície de acordo com o seu nível de aptidão de habitat para as martas na Comunidade de Madrid.

Adequação das categorias	**Área (km2)**
Qualidade muito baixa	4020,69
Baixa qualidade	2353,47
Alta qualidade	1593,64
Qualidade muito elevada	47,08
Total	8014,89

Os resultados do estimador Jackknife (ver Anexo, Figura S1 e Tabela 3) mostraram que a variabilidade sazonal da temperatura (BIO4;

40,4%), a precipitação no trimestre mais frio (BIO19; 25,4%), a temperatura média no trimestre mais seco (BIO9; 11,6%), a variabilidade sazonal da precipitação (BIO15; 9,2%) e a temperatura mínima no mês mais frio (BIO6; 8,6%) foram os cinco principais factores que contribuíram para a distribuição (presença) de martas em Madrid.

As taxas de importância na previsão do modelo MaxEnt indicaram que a temperatura mínima no mês mais frio (BIO6; 28,7%), a precipitação no trimestre mais frio (BIO19; 18,8%), a temperatura média no trimestre mais seco (BIO9; 13,6%), a variabilidade sazonal da temperatura (BIO4; 11,6%) e a precipitação no mês mais húmido (BIO13; 9,7%) foram os cinco principais factores que afectaram a distribuição da marta (ver Anexo, Tabela 3).

A análise de sensibilidade determinou a influência de cada fator na distribuição da marta (ver Anexo, Figura S2, S3 e S4).

Modelo de abundância com variáveis naturais

A Análise Fatorial com as variáveis naturais nas escalas de território e paisagem (buffers de 750m e 2000m) gerou 21 fatores ortogonais, dos quais 14 foram descartados por apresentarem autovalor menor que 1, indicando que a variância explicada é menor do que a variância que seria explicada pela variável isoladamente (critério de Kaiser; Cuadras, 2008). Os 7 factores ortogonais retidos retiveram 83,98% da variância acumulada.

O fator 1 descreve paisagens dominadas por árvores e NDVI elevado (valores positivos) e áreas com pouca cobertura de relva (valores negativos). O fator 2 define paisagens com precipitação média elevada (valores positivos) versus áreas com temperatura média baixa (valores negativos). O fator

O fator 3 descreve as paisagens com um elevado coberto de

gramíneas (valores positivos). O fator 4 define áreas com abundante cobertura arbustiva (valor positivo). O fator 5 descreve as zonas rochosas (valores positivos). Por último, o fator 6 abrange áreas caracterizadas abundante disponibilidade de água (valores positivos) e o fator 7 por áreas afastadas do curso de água mais próximo (valor negativo) e uma elevada diversidade de culturas frutícolas (valor positivo).

Tabela 2. Componentes resultantes da Análise Fatorial efectuada sobre as variáveis naturais utilizadas para descrever a abundância da marta (os asteriscos indicam correlação significativa entre as variáveis originais e os factores, $p < 0,05$).

Variáveis	Fator 1	Fator 2	Fator 3	Fator 4	Fator 5	Fator 6	Fator 7
Água 2000	0,17	0,04	0,18	-0,10	-0,08	**0,81***	0,00
Água 750	0,09	-0,06	-0,12	0,04	-0,04	**0,81***	0,16
Arboreto 2000	**0,83***	0,12	-0,26	-0,29	-0,04	0,11	-0,02
Bosque 750	**0,76***	0,15	-0,34	-0,39	-0,02	0,14	-0,02
Colheita 2000	**-0,89***	-0,14	-0,16	-0,15	-0,17	-0,13	-0,01
Cultura 750	**-0,82***	-0,01	-0,16	-0,14	-0,20	-0,15	0,08
Dist. Florestas	**-0,74***	0,07	-0,14	-0,09	0,06	0,04	-0,29
Dist. Secção da água	-0,17	0,11	-0,03	-0,03	-0,09	-0,31	**-0,66***
Matagal 2000	0,03	0,25	0,06	**0,90***	0,05	0,01	-0,02
Esfregar 750	0,03	0,27	-0,06	**0,85***	0,03	-0,06	-0,06
NDVI 2000	**0,72***	0,40	0,29	0,10	-0,13	0,06	0,29
NDVI 750	**0,70***	0,40	0,30	0,10	-0,14	0,05	0,28
Prados 2000	0,14	0,24	**0,91***	0,00	-0,04	0,00	-0,01
Prados 750	0,07	0,23	**0,90***	0,00	-0,01	0,05	0,05
Prec Media 2000	0,06	**0,95***	0,08	0,12	0,11	-0,05	0,04
Prec Media 750	0,06	**0,95***	0,06	0,13	0,11	-0,04	0,00
Frutos da riqueza	0,07	0,31	0,00	-0,12	-0,04	-0,05	**0,77***
Roca 2000	0,04	0,14	-0,02	0,04	**0,94***	-0,05	0,01
Pedra 750	0,03	0,12	-0,03	0,03	**0,91***	-0,06	0,02
Temperatura média C° 2000	-0,22	**-0,88***	-0,27	-0,21	-0,09	-0,03	-0,12
Temperatura média C° 750	-0,22	**-0,88***	-0,26	-0,21	-0,09	-0,03	-0,10
Eigenvalor	6,638	3,575	2,090	1,498	1,490	1,333	1,011
Variação percentual	31,608	17,025	9,955	7,132	7,096	6,345	4,816
Percentagem acumulada	31,608	48,633	58,587	65,719	72,815	79,161	**83,977**

Quadro 3: Variáveis incluídas no modelo linear generalizado, obtido pelo método de regressão backward stepwise, entre o logaritmo do índice de abundância relativa da marta e os factores ortogonais. A variância explicada pelo modelo é

de 26,99%.

Fonte	Soma de quadrados	Gl	uadrado médio	Rácio F	Valor de p
Modelo	0,0988439	4	0,024711	7,86	**0,0000**
Resíduos	0,26733	85	0,00314506		
Total (Corr.)	0,366174	89			
Factnat_3	0,0319726	1	0,0319726	10,17	**0,002**
Factnat_4	0,0292806	1	0,0292806	9,31	**0,003**
Factnat_6	0,044524	1	0,044524	14,16	**0,0003**
Cat IA 2022	0,0151579	1	0,0151579	4,82	**0,0309**
Resíduos	0,26733	85	0,00314506		
Total (corrigido)	0,366174	89			

Estes 7 factores ortogonais foram utilizados como variáveis preditoras no modelo, juntamente com as variáveis altitude e os índices de abundância da raposa, do gato-bravo e do coelho (isto é, IA da raposa, IA do gato e IA do coelho), em que o log IA da marta foi utilizado como variável de resposta. O modelo obtido foi muito significativo. O resultado do modelo mostrou que os factores 3, 4 e 6 e o IA do gato estavam significativamente associados à variável resposta (Quadro 2).

Considerando os resultados do modelo (Tabela 3), bem como a Figura 6, podemos observar a relação positiva entre a abundância da marta (log IA da marta) e as variáveis IA do gato, fator 4 e 6, bem como a relação negativa com o fator 3. Quanto maior for a cobertura de pastagem, menor será a abundância de martas. Onde há mais martas, parece haver também mais . Estes resultados são idênticos tanto à escala do território como à escala da paisagem.

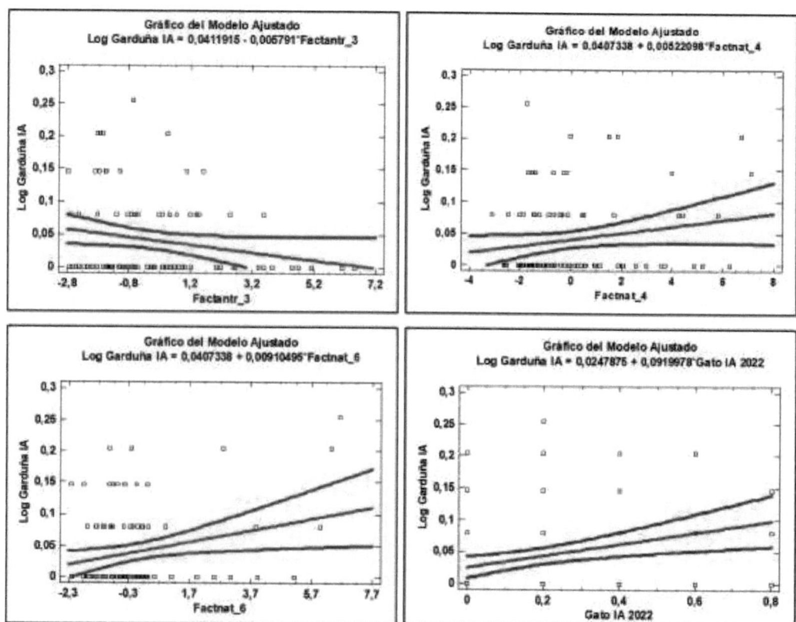

Figura 6: Relação entre o índice de abundância da marta e os factores naturais 3, 4, 6 e a abundância de gatos-bravos.

Modelo de abundância com variáveis antrópicas

A Análise Fatorial com as variáveis à escala do território e da paisagem gerou 19 factores ortogonais, dos quais 12 foram descartados por terem um valor próprio inferior a 1, indicando que a variância explicada é inferior à que seria explicada apenas pela variável (critério de Kaiser; Cuadras, 2008). Os 7 factores ortogonais retidos retiveram 71,32% da variância acumulada.

Tabela 4. Componentes resultantes da Análise Fatorial realizada com as variáveis antrópicas utilizadas para descrever a abundância da marta (os asteriscos indicam uma correlação significativa entre as variáveis originais e os factores, p < 0,05).

Variáveis	Fator 1	Fator 2	Fator 3	Fator 4	Fator 5	Fator 6	Fator 7
Carr/ferr. 2000	0,09	-0,36	0,27	**-0,54**	-0,30	-0,24	0,16
Carr/ferr. 750	-0,13	-0,05	-0,05	-0,28	**-0,60***	-0,10	0,49
Dist. Estradas	-0,06	-0,02	0,05	-0,03	**0,74***	0,02	0,00
Dist. Zonas de caça	-0,04	-0,21	-0,11	-0,08	0,01	0,02	**-0,73***
Reservatórios distritais	-0,04	**0,87***	0,07	-0,02	-0,08	0,01	0,14
Dist. Caminho de ferro	-0,18	-0,16	0,28	**0,77***	-0,15	0,22	-0,08
Dist. Núcleo	**-0,55***	-0,03	-0,04	0,14	0,48	0,03	0,28
Dist. Rede Natura 2000	0,00	**0,78***	-0,09	-0,25	0,03	-0,13	0,07
Índice HH 2000	**0,77***	0,29	0,11	0,13	-0,26	0,24	0,00
Índice HH 750	**0,68***	0,36	-0,06	0,19	-0,43	0,19	0,08
Misto 2000	-0,10	0,01	**0,93***	0,09	0,03	0,09	0,01
Misto 750	0,00	-0,01	**0,93***	0,02	0,03	0,01	0,08
N.º de cabeças Bovinos	-0,07	-0,39	-0,07	-0,38	**0,46***	0,39	0,29
NºCabeças Cabras	0,04	-0,23	0,02	**0,77***	0,09	-0,20	0,17
N.º Cabeças Ovinos	-0,07	0,02	0,17	0,10	-0,02	**0,81***	-0,14
Número de edifícios	0,21	-0,26	-0,14	-0,14	0,26	**0,58***	0,37
Cão IA	**0,43***	-0,22	-0,19	-0,18	-0,09	-0,03	0,16
Urbano 2000	**0,81***	-0,26	0,01	-0,13	0,09	-0,07	-0,13
Urbano 750	**0,71***	-0,01	-0,11	-0,01	0,22	-0,14	0,11
Eigenvalor	3,186	2,471	2,204	1,760	1,610	1,215	1,089
Variação percentual	16,766	13,007	11,598	9,263	8,473	6,392	5,732
Percentagem acumulada	16,766	29,773	41,371	50,634	59,107	65,500	**71,232**

O fator 1 descreve paisagens com valores elevados de pegada humana, elevada abundância de cães e elevada ocupação do solo urbano (valores positivos) e áreas afastadas dos centros urbanos (valores negativos). O fator 2 foi caracterizado por zonas afastadas de áreas protegidas Natura 2000 e de albufeiras (valores positivos). O fator 3 descreve paisagens com elevada cobertura mista do solo (valores positivos). O fator 4 define zonas com abundante criação de cabras que estão longe dos caminhos-de-ferro (valores positivos) e têm pouca terra ocupada por estradas ou caminhos-de-ferro à escala da paisagem (valor negativo). O fator 5 define as zonas com abundante criação de gado bovino que se situam longe estradas (valores positivos) e que, ao mesmo tempo, têm pouca terra ocupada por estradas ou caminhos-de-ferro à escala da paisagem (valor negativo). O fator 6 descreve zonas com um elevado número de edifícios e criação de ovinos (valores positivos); e o fator 7 representa zonas afastadas de zonas de caça (valor negativo).

Estes 7 factores ortogonais foram utilizados como variáveis preditoras no modelo, juntamente com a variável altitude, sendo a abundância transformada de marta (log IA marta) utilizada como variável resposta. O modelo obtido foi altamente significativo. O resultado do modelo mostrou que os factores 3, 4 e 6 tiveram um efeito significativo sobre a variável resposta (Tabela 4).

Quadro 5: Variáveis incluídas no modelo linear generalizado, obtido pelo método de regressão backward stepwise, entre o logaritmo do índice de abundância da marta e os factores antropogénicos ortogonais. A variância explicada pelo modelo é de 13,30%.

Fonte	Soma de quadrados	Gl	uadrado médio	Rácio F	Valor de p
Modelo	0,0484936	3	0,0161645	4,35	**0,0067**
Resíduos	0,316002	85	0,00371767		
Total (Corr.)	0,364496	88			
Factnat_3	0,0185443	1	0,0185443	4,99	**0,0281**
Factnat_4	0,0251168	1	0,0251168	6,76	**0,011**
Factnat_6	0,0146603	1	0,0146603	3,94	**0,0503**
Resíduos	0,316002	85	0,00371767		
Total (corrigido)	0,364496	88			

Considerando os resultados do modelo (Tabela 5), bem como a Figura 7, podemos observar a relação negativa entre a abundância de martas e os factores 3 e 6, e a relação positiva com o fator 4. Quanto mais elevado for o coberto vegetal misto, quanto mais edifícios, criação de ovinos e terrenos ocupados por estradas ou caminhos-de-ferro à escala da paisagem, menor será a abundância de martas.

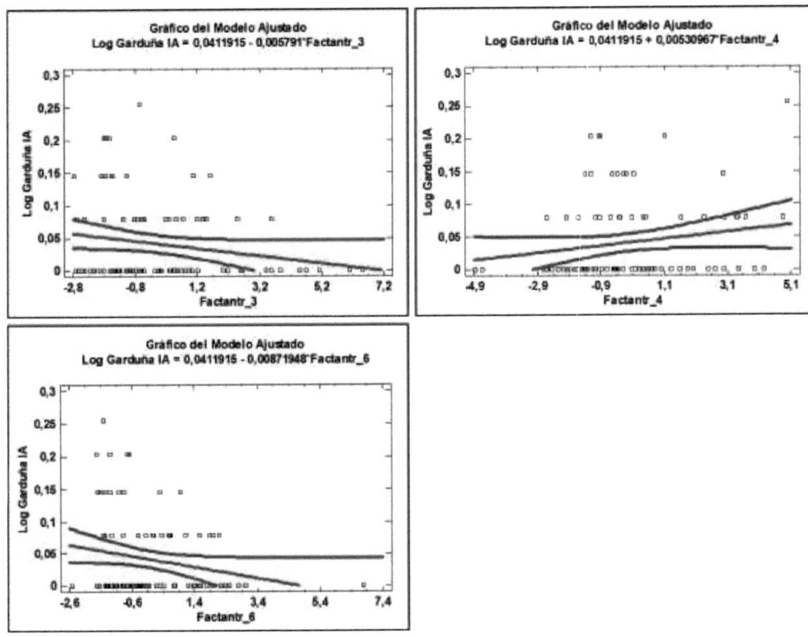

Figura 7: Relação entre o índice de abundância da marta e os factores antropogénicos 3, 4 e 6.

Discussão

Como resultado deste estudo foi possível aumentar o nosso conhecimento sobre os factores naturais e antrópicos que determinam a distribuição e abundância da marta na Comunidade de Madrid. Relativamente à distribuição, os resultados do SDM mostraram que as temperaturas foram as variáveis mais determinantes na classificação da aptidão do habitat, sendo a temperatura mínima do mês mais frio a variável mais influente, seguida da variabilidade sazonal e da temperatura média do trimestre mais seco. A precipitação no trimestre mais frio também teve um papel preponderante nesta seleção. A importância destas zonas pode dever-se à proteção que oferecem contra as temperaturas elevadas, comuns nas paisagens tipicamente mediterrânicas, como as planícies, com culturas abundantes e pastagens, que são mais térmicas. Estes resultados coincidem com a nossa primeira hipótese (H1), mostrando a importância da temperatura na distribuição da marta.

Os mustelídeos têm uma taxa metabólica basal muito elevada, em média duas vezes superior à dos mamíferos de tamanho semelhante, que constitui até 70% do seu gasto energético diário (Wereszczuk & Zaleweski, 2023). O custo da termorregulação aumenta tanto com a diminuição como com o aumento da temperatura ambiente para além do limiar de tolerância, que nas martas corresponde a 25°C (Wereszczuk & Zaleweski, 2023).

De acordo com o mapa de distribuição do habitat adequado (Figura 5), a região mais adequada para as martas situa-se na Serra de Guadarrama. A zona tem um clima mediterrânico muito frio e um verão temperado, com uma temperatura média de -0,4°C no mês mais frio e 17,0°C no mês mais quente, em janeiro e julho, respetivamente. A precipitação média anual é de 1.223 mm, com um marcado carácter mediterrânico, sendo de 27 mm em julho e de 176 mm em novembro (Parque Nacional da Serra de Guadarrama (n.d.). Existe aqui uma importante variedade de habitats, com florestas de pinheiro silvestre a maior altitude, azinheiras e carvalhais a média altitude, bem como matos e prados em zonas abertas e de alta montanha (Parque Nacional de la Sierra de Guadarrama, n.d.).

Além disso, a Serra Oeste, situada entre a Serra de Guadarrama e a Serra de Gredos, é também ideal para as martas, apresentando um relevo variado de montanhas, vales e prados com uma extensa rede fluvial com rios notáveis, como o Alberche, e numerosos cursos de água que geram florestas de galeria caracterizadas por salgueiros, freixos e amieiros. Destacam-se também as pastagens de montanha, os pinhais, os castanheiros, os carvalhais e os azinhais. Globalmente, apenas 0,6% do território da Comunidade de Madrid é de qualidade muito elevada e 19,90% de qualidade elevada, ou seja, 79,5% da superfície de Madrid não parece ser adequada para a marta, de acordo com o modelo de distribuição obtido.

Em relação à abundância de martas, parece que as variáveis naturais têm uma maior influência do que as variáveis antropogénicas (27% vs. 13% da variância explicada nos modelos). Foi observada uma relação negativa entre a elevada cobertura de prados nas duas escalas estudadas e a abundância de martas. Estas paisagens não oferecem refúgios contra o risco de predação e parecem ser evitadas (Virgós & García, 2002). Em contrapartida, a cobertura arbustiva e aquática favoreceu a abundância de martas, tanto à escala da paisagem como à escala do território. Isto deve-se provavelmente ao facto de a marta não ser apenas um carnívoro, mas também uma espécie frugívora que consome frutos principalmente no outono (Barrientos & Virgós, 2006). Por isso, é razoável encontrar uma maior abundância em zonas onde este recurso está disponível, como arbustos de medronheiros, amoras, espinheiros ou abrunheiros, entre muitos arbustos que existem em Madrid. Muitos deles crescem perto das margens dos rios, o que explicaria a importância da água no modelo. Da mesma forma, os roedores que fazem parte da dieta das martas também estão associados ao estrato arbustivo, encontrando mais alimento neste habitat (Muñoz *et al.*, 2009). Isto também explicaria o facto de, nestas zonas, as martas coincidirem com os gatos-bravos, que poderiam coexistir graças a mecanismos de prevenção da competição (Vilella *et al.*, 2020).

A ausência de uma relação positiva entre as zonas arborizadas ou rochosas e a abundância de martas implica a rejeição da segunda hipótese (H2). Noutras zonas da sua distribuição natural mediterrânica, a marta encontra-se em zonas arborizadas, em mosaicos arborizados ou em zonas rochosas (Virgós *et al.*, 2000). Talvez estes habitats possam ser mais utilizados pela espécie na ausência de matos, cumprindo um papel semelhante em termos de abrigo e disponibilidade trófica.

Quanto aos factores antrópicos, os resultados mostraram que uma cobertura elevada de terrenos perturbados, urbanizados ou com uma densidade de infra-estruturas lineares (estradas e caminhos-de-ferro), não favorecem as martas. Assim, o efeito negativo destas variáveis na abundância da espécie é consistente com a terceira hipótese (H3). As paisagens fragmentadas e a elevada densidade de estradas aumentam a mortalidade por atropelamento e o chamado efeito de barreira. Em particular, as martas tendem a evitar áreas não estruturadas que lhes ofereçam abrigo, como pastagens e culturas, procurando áreas mais naturais na sua dispersão, o que as torna vulneráveis ao atravessar estradas (Fonda *et al.*, 2021). Este facto pode também explicar porque é que à medida que a distância dos caminhos-de-ferro aumenta, a abundância de martas aumenta.

Quanto à relação encontrada neste trabalho entre o pastoreio e a abundância de martas, completamente inédita, pode ser complexa de explicar devido ao seu previsível carácter multifacetado. O pastoreio reduz frequentemente a vegetação rasteira e favorece o crescimento de certas espécies vegetais, suprimindo outras, o que pode influenciar a abundância de pequenos mamíferos e insectos que são predados pelas martas, ou as espécies frutíferas que são também a sua fonte de alimentação (Thompson *et al.*, 2023). Assim, o pastoreio de ovinos pode alterar a estrutura e composição da vegetação, que tende a transformar-se em pastagem, afectando a disponibilidade de recursos alimentares (Silva *et al.*, 2022) e prejudicando assim o mustelídeo. Por outro lado, a presença de gado pode atrair outras espécies de carnívoros de maior porte, o que pode aumentar os riscos de competição ou predação para as martas (Eggermann *et al.*, 2011; Linck *et al.*, 2023; Moberly *et al.*, 2003).

Além disso, as actividades pecuárias envolvem frequentemente alguma desnaturalização do ambiente, com a construção de cercas, estradas e outras infra-estruturas, que também podem influenciar os movimentos e a utilização do habitat pelas martas (Mangas & Rey Juan Carlos, 2017). Embora estas estruturas possam fornecer abrigo e locais de escavação, também podem representar riscos como a mortalidade nas estradas e a fragmentação do habitat (Silva *et al.*, 2022).

No entanto, a relação positiva encontrada entre os caprinos e a abundância de marta indica que este carnívoro pode coexistir com o gado. Nas zonas mais arbustivas, onde as cabras podem alimentar-se facilmente devido aos seus hábitos de pastoreio (ao contrário das ovelhas), se a taxa de encabeçamento não for suficientemente elevada para transformar a vegetação, parece, de acordo com os resultados, que o mustelídeo pode desenvolver-se sem problemas.

A conservação das martas é relevante devido ao seu importante papel ecológico, às suas interações com outras espécies e aos serviços ecossistémicos que prestam à . Como mesocarnívoras, desempenham um papel vital no controlo das populações de presas, principalmente roedores, mantendo assim um ecossistema equilibrado. São também importantes na dispersão de sementes, o que ajuda na regeneração florestal, recuperação de áreas degradadas e restauração da biodiversidade (Santos & Santos-Reis, 2010; Traveset *et al.*, 2014; Burgos *et al.*, 2024).

Particularmente nos ecossistemas mediterrânicos, tem-se observado que as martas utilizam uma grande variedade de habitats (Recio *et al.*, 2015; Fonda *et al.*, 2021), e os resultados deste trabalho mostram que são sensíveis a alterações excessivas do ambiente natural. Estas caraterísticas tornam-nos indicadores-chave da saúde dos ecossistemas, uma vez que a sua presença, abundância e comportamento podem refletir alterações nas condições ambientais e impactos humanos significativos.

Conclusões

Os resultados sugerem que a transformação da paisagem pelas actividades humanas é um fator determinante na distribuição e abundância das martas na Comunidade de Madrid. As zonas antropizadas, de cultivo e de criação de gado não só reduzem o habitat disponível, como também alteram a disponibilidade de recursos. A urbanização e as estradas fragmentam o habitat, o que pode aumentar a mortalidade e limitar os movimentos de dispersão das martas.

A promoção de paisagens estruturadas, com elevado grau de naturalidade, e a manutenção da conetividade entre elas, são medidas de gestão que favorecerão as populações de marta no centro da Península Ibérica, bem como a recuperação de áreas degradadas e abandonadas, objetivo para o qual a própria atividade das martas também pode contribuir.

Bibliografia

Abramov, A. V., Kranz, A., Herrero, J., Choudhury, A., & Maran, T. &. (2016). *Martes foina. The IUCN Red List of Threatened Species.* https://doi.org/10.2305/IUCN.UK.2016-1.RLTS.T29672A45202514.en

Bai, D. F., Chen, P. J., Atzeni, L., Cering, L., Li, Q., & Shi, K. (2018). Avaliação da adequação do habitat do leopardo-das-neves (Panthera uncia) na Reserva Natural Nacional de Qomolangma com base na modelagem MaxEnt. *Zoological Research*, 39(6), 373-386. https://doi.org/10.24272/j.issn.2095-8137.2018.057

Barja, I. e Bárcena, F. (2002). O papel das fezes na comunicação olfactiva do gato-bravo. IX Congresso Nacional e VI Congresso Iberoamericano de Etologia. Madrid, 61.

Barrientos, R., & Virgós, E. (2006). Redução da interferência alimentar potencial em dois carnívoros simpátricos através da utilização sequencial de recursos partilhados. In *Ata Oecologica* (Vol. 30, Issue 1, pp. 107-116). https://doi.org/10.1016/j.actao.2006.02.006

Burgos, T., Escribano-Ávila, G., Fedriani, J. M., González-Varo, J. P., Illera, J. C., Cancio, I., Hernández-Hernández, J., & Virgós, E. (2024). Os predadores do ápice podem estruturar os ecossistemas por meio de cascatas tróficas: Ligando o comportamento frugívoro e os padrões de dispersão de sementes de mesocarnívoros. *Ecologia Funcional.* https://doi.org/10.1111/1365-2435.14559

Chefaoui et al., 2005: Chefaoui, R. M., Hortal, J., & Lobo, J. M. 2005. Modelação da distribuição potencial, caraterização de nichos e avaliação do estado de conservação utilizando ferramentas SIG: um estudo de caso de espécies de Copris ibéricos. *Conservação Biológica*, 122(2), 327-338.

Ćirović, D., Penezić, A., & Krofel, M. (2016). Chacais como limpadores: Serviços ecossistémicos prestados por um mesocarnívoro em paisagens dominadas pelo homem. *Biological Conservation*, 199, 51-55. https://doi.org/10.1016/j.biocon.2016.04.027

Cuadras, M.C. (2008). *Novos métodos de análise multivariada.* CMC

Direção-Geral da Agricultura e da Pecuária, *indicadores sobre a agricultura, a pecuária, a indústria alimentar, a proteção dos animais e os rastos de gado* (2015).

Eggermann, J., da Costa, G. F., Guerra, A. M., Kirchner, W. H., & Petrucci-Fonseca, F. (2011). Presença de lobo ibérico (Canis lupus signatus) em relação à ocupação do solo, pecuária e influência humana em Portugal. *Mammalian Biology*, *76*(2), 217-221. https://doi.org/10.1016/j.mambio.2010.10.010

Elith, J. 2002. Quantitative methods for modeling species habitat: comparative performance and an application to Australian plants. Em: Ferson, S. e Burgman, M. (eds), Quantitative methods for conservation biology. *Springer,* pp. 39-58.

Fick, S. E., & Hijmans, R. J. (2017). WorldClim 2: Novas superfícies climáticas com resolução espacial de 1 km para áreas terrestres globais. *International*

Journal of Climatology, 37(12), 4302-4315. https://doi.org/10.1002/joc.5086

Fonda, F., Chiatante, G., Meriggi, A., Mustoni, A., Armanini, M., Mosini, A., Spada, A., Lombardini, M., Righetti, D., Granata, M., Capelli, E., Pontarini, R., Roux Poignant, G., & Balestrieri, A. (2021). Distribuição espacial da marta do pinheiro (Martes martes) e da marta-pedra (Martes foina) nos Alpes italianos. *Mammalian Biology*, *101*(3), 345-356. https://doi.org/10.1007/s42991-020-00098-8

Gonçalves-Souza, D., Verburg, P. H., & Dobrovolski, R. (2020). Perda de habitat, previsibilidade da extinção e esforços de conservação nas ecorregiões terrestres. *Conservação Biológica*, 246. https://doi.org/10.1016/j.biocon.2020.108579

Graham, 2003: Graham MH (2003). Confronting multicollinearity in ecological multiple regression [Confrontando a multicolinearidade na regressão ecológica múltipla]. *Ecology* 84: 2809-2815.

Grenier-Potvin, A., Clermont, J., Gauthier, G., & Berteaux, D. (2021). A distribuição da presa e do habitat não é suficiente para explicar a seleção do habitat do predador: abordando as interações intraespecíficas, o estado comportamental e o tempo. *Movement Ecology*, 9(1). https://doi.org/10.1186/s40462-021-00250-0

INE, 2023: Instituto Nacional de Estatística. 2023. Resultados por Comunidade Autónoma. População residente por data, sexo e idade (desde 1971).

IUCN (2015). Abramov, A.V., Kranz, A., Herrero, J., Choudhury, A. & Maran, T. 2016. Martes foina. A Lista Vermelha de Espécies Ameaçadas da IUCN 2016: e.T29672A45202514.https://dx.doi.org/10.2305/IUCN.UK.2016-1.RLTS.T29672A45202514.en. Acedido em 19 de junho de 2024.

Kina, K. C., Bhumpakhpan, N., Trisurat, Y., Mainmit, N., Ghimire, K., & Subedi, M. (2020). *Análise da distribuição potencial do habitat do tigre usando MaxEnt no Parque Nacional de Chitwan, Nepal.* Jornal da Associação de Sensoriamento Remoto e SIG da Tailândia, 21(3), 1-15.

Kok, M. T. J., Alkemade, R., Bakkenes, M., van Eerdt, M., Janse, J., Mandryk, M., Kram, T., Lazarova, T., Meijer, J., van Oorschot, M., Westhoek, H., van der Zagt, R., van der Berg, M., van der Esch, S., Prins, A. G., & van Vuuren, D. P. (2018). Caminhos para que a agricultura e a silvicultura contribuam para a conservação da biodiversidade terrestre: um estudo de cenário global. *Biological Conservation*, 221, 137-150. https://doi.org/10.1016/j.biocon.2018.03.003. https://doi.org/10.1016/j.biocon.2018.03.003

Léonard, A., Desbiez, J., Bodmer, R. E., & Santos, S. A. (2009). Seleção do habitat da vida selvagem e gestão sustentável dos recursos zona húmida neotropical. *In International Journal of Biodiversity and Conservation* (Vol. 1, Issue 1). http://www.academicjournals.org/ijbc

Linck, P., Palomares, F., Negrões, N., Rossa, M., Fonseca, C., Couto, A., & Carvalho, J. (2023). A crescente homogeneidade das paisagens mediterrânicas limita a coocorrência de mesocarnívoros no espaço e no tempo. *Landscape Ecology*, *38*(12), 3657-3673.

https://doi.org/10.1007/s10980-023-01749-0

Lissovsky, A. A., & Dudov, S. V. (2021). Modelagem de distribuição de espécies: vantagens e limitações de sua aplicação. 2. MaxEnt. *Biology Bulletin Reviews*, 11(3), 265-275. https://doi.org/10.1134/s2079086421030087

Lozano, J. (2010). Utilização do habitat pelo gato-bravo europeu (*Felis silvestris*) no centro de Espanha: qual a importância relativa das variáveis florestais? *Biodiversidade e Conservação Animal*, 33.2: 143-150.

Lozano, J., A. Olszańska, Z. Morales-Reyes, A. J. Castro, A. F. Malo, M. Moleón,
A. Sánchez-Zapata, A. Cortés-Avizanda, et al. (2019). Relações homem-carnívoro: uma revisão sistemática. *Biological Conservation*, 237, 480-92.

Mangas, J. G., Lozano, J., Cabezas-Díaz, S., & Virgós, E. (2008). O valor prioritário dos habitats de matos para a conservação dos carnívoros nos ecossistemas mediterrânicos. *Biodiversity and Conservation*, 17(1), 43-51. https://doi.org/10.1007/s10531-007-9229-8

Mangas, J. G., & Rey Juan Carlos, U. C. (2017). In: *Enciclopedia Virtual de los Vertebrados Españoles.* http://www.vertebradosibericos.org/

Martin-Garcia, S., Rodríguez-Recio, M., Peragón, I., Bueno, I., & Virgós, E. (2022). Comparação de modelos de abundância relativa a partir de diferentes índices, um caso de estudo sobre a raposa vermelha. *Indicadores Ecológicos*, 137. https://doi.org/10.1016/j.ecolind.2022.108778

Ministério para a Transição Ecológica e o Desafio Demográfico (2023). *Estado de conservação da marta (Martes foina).* Obtido em https://www.miteco.gob.es/content/dam/miteco/es/biodiversidad/temas/inventarios-nacionales/ieet_mami_martes_foina_tcm30-99820.pdf

Moberly, R. L., White, P. C. L., Webbon, C. C., Baker, P. J., & Harris, S. (2003). Factores associados à predação de borregos pela raposa (Vulpes vulpes) na Grã-Bretanha. *Wildlife Research*, *30*(3), 219-227. https://doi.org/10.1071/WR02060

Molina-Vacas, G., Bonet-Arbolí, V., & Rodríguez-Teijeiro, J. D. (2012). Seleção de habitat de dois carnívoros de médio porte num parque mediterrânico isolado e altamente antropogénico: A importância da vegetação ribeirinha. *Italiano Journal de Zoologia*, 79(1), 128-135. https://doi.org/10.1080/11250003.2011.620637

Muñoz, A., Bonal, R., & Díaz, M. (2009). Ungulados, roedores, arbustos: interações num ecossistema mediterrânico diversificado. *Basic and Applied Ecology*, *10*(2), 151-160. https://doi.org/10.1016/j.baae.2008.01.003

Orians, G.H. e Wittenberger, J.F. (1991). Escalas espaciais e temporais na seleção do habitat. *American Naturalist* 137: 29-49.

Osborne, J. W. (2014). *Melhores práticas em análise fatorial exloratória*. [Plataforma de publicação independente do CreateSpace].

Palma L., Beja P. e Rodrigues M. (1999). A utilização de dados de avistamentos para analisar o habitat e a distribuição do lince ibérico. *Jornal de Ecologia*

Aplicada (36): 812- 824.

Parque Nacional da Serra de Guadarrama (n.d.). Clima. Recuperado em 21 de junho 2024, de https://www.parquenacionalsierraguadarrama.es/naturaleza/clima-geologia/116-clima

Parque Nacional da Serra de Guadarrama (n.d.). *Ficha técnica do Parque*. Obtido em 14 de 14 de junho de 2024, de https://www.parquenacionalsierraguadarrama.es/parque/info-pnsg/86- ficha-pnsg

Phillips, S.J., R.P. Anderson e R.E. Schapire. 2006. Maximum entropy modeling of species geographic distributions (Modelação de entropia máxima das distribuições geográficas das espécies). *Ecological Modelling*.190:231-259

Recio, M. R., Arija, C. M., Cabezas-Díaz, S., & Virgós, E. (2015). Mudanças nas comunidades de mesocarnívoros mediterrânicos ao longo de gradientes urbanos e ex-urbanos. In *Current Zoology* (Vol. 61, Issue 5). https://academic.oup.com/cz/article/61/5/793/1821076

Rettie, W.J. e Messier, F. (2000). Seleção hierárquica do habitat pelo caribu da floresta: a sua relação com factores limitantes. *Ecografia*, 23: 446-478.

Rivas-Martínez, S., Fernández-González, F. e Sánchez-Mata, D. (1987). O Sistema Central: da Serra de Ayllón à Serra da Estrela. *A vegetação de Espanha*: 419-451. In: Peinado, M. e Rivas-Martínez, S. (Eds.). Publicaciones Universidad de Alcalá, Madrid.

Santos, M. J., & Santos-Reis, M. (2010). Habitat da marta-pedra (Martes foina) num ecossistema mediterrânico: Efeitos da escala, sexo e interações interespecíficas. *European Journal of Wildlife Research*, 56(3), 275-286. https://doi.org/10.1007/s10344-009-0317-9

Semenchuk, P., Plutzar, C., Kastner, T., Matej, S., Bidoglio, G., Erb, K. H., Essl, F., Haberl, H., Wessely, J., Krausmann, F., & Dullinger, S. (2022). Efeitos relativos da conversão de terras e da intensidade do uso da terra na diversidade de vertebrados terrestres. *Nature Communications*, 13(1). https://doi.org/10.1038/s41467- 022-28245-4

Silva, S. R., Sacarrão-Birrento, L., Almeida, M., Ribeiro, D. M., Guedes, C., Montaña, J. R. G., Pereira, A. F., Zaralis, K., Geraldo, A., Tzamaloukas, O., Cabrera, M. G., Castro, N., Argüello, A., Hernández-Castellano, L. E., Alonso-Diez, Á. J., Martín, M. J., Cal-Pereyra, L. G., Stilwell, G., & de Almeida, A. M. (2022). Produção extensiva de ovinos e caprinos: o papel das novas tecnologias para a sustentabilidade e o bem-estar animal. Em *Animais* (Vol. 12, Edição 7). MDPI. https://doi.org/10.3390/ani12070885

Thompson, L., Rowntree, J., Windisch, W., Waters, S. M., Shalloo, L., & Manzano, P. (2023). Gestão de ecossistemas usando gado: Abraçando a diversidade e respeitando os princípios ecológicos. *Animal Frontiers*, *13*(2), 28-34. https://doi.org/10.1093/af/vfac094

Underwood, A.J. (1996). Experiments in ecology. Cambridge University Press, Cambridge.

Vergara, M., Cushman, S. A., Urra, F., & Ruiz-González, A. (2016). Shaken but not stirred: multiscale habitat suitability modeling of sympatric marten species (*Martes martes* and *Martes foina)* in the northern Iberian Peninsula. *Landscape Ecology*, *31*(6), 1241-1260. https://doi.org/10.1007/s10980-015-0307-0

Vilella, M., Ferrandiz-Rovira, M., & Sayol, F. (2020). Coexistência de predadores no tempo: efeitos da estação e da disponibilidade de presas na atividade das espécies em uma guilda de carnívoros mediterrâneos. *Ecology and Evolution*, *10*(20), 11408- 11422. https://doi.org/10.1002/ece3.6778

Virgós, E., Cabezas-Díaz, S., Mangas, J. G., & Lozano, J. (2010). Modelos de distribuição espacial num carnívoro frugívoro, a marta-pedra (Martes foina): Será a disponibilidade de frutos carnudos um preditor útil? *Animal Biology*, 60(4), 423-436. https://doi.org/10.1163/157075610X523297

Virgós, E., & García, F. J. (2002). *Ocupação de manchas por martas-pedra Martes foina em paisagens fragmentadas do centro de Espanha: o papel da dimensão do fragmento, do isolamento e da estrutura do habitat*. www.elsevier.com/locate/actao

Virgös, E., Recio, M. R., & Cortes, Y. (2000). International journal of mammalian biology Stone marten (Martes foina Erxleben, 1777) use of different landscape types in the mountains of central Spain marten scat was sampled by Walking a series of routes along randomly selected tracks. Em *Z. Säugetierkunde* (Vol. 65). http://www.urbanfischer.de/journals/mammbiol

Wereszczuk, A., & Zalewski, A. (2023). Uma paisagem antropogénica reduz a influência das condições climáticas e do luar na atividade dos carnívoros. *Comportamental Ecologia e Sociobiologia*, *77*(5). https://doi.org/10.1007/s00265-023-03331-9

Anexo

Tabela 1. Variáveis utilizadas para modelos lineares gerais à escala da paisagem (2000 m de buffer) e à escala do território (750 m de buffer).

Nome da variável	Descrição
Água 750 e 2000	Percentagem da superfície terrestre coberta por água
Floresta 750 e 2000	Percentagem da superfície do solo coberta por árvores
Culturas 750 e 2000	Percentagem da superfície terrestre coberta por culturas
Distância da floresta	Distância (em metros) do transecto até à floresta mais próxima
Distância da secção de água	Distância (em metros) do transecto ao curso de água mais próximo
Arbustos 750 e 2000	Percentagem da área do solo coberta por arbustos
NDVI 750 e 2000	Índice de Vegetação por Diferença Normalizada
Prados 750 e 2000	Percentagem da superfície terrestre coberta por prados
Precipitação média	Precipitação anual (medida em mm) no período 1970-2000
Riqueza de frutos	Diversidade de culturas frutícolas na zona tampão da paisagem
Rocha 750 e 2000	Percentagem da superfície do solo coberta por rocha
Carr/ferr. 750 y 2000	Percentagem da superfície terrestre coberta por estradas ou caminhos-de-ferro
Dist. Estradas	Distância do transecto à estrada mais próxima
Dist. Zona de caça	Distância do transecto à de caça mais próxima
Dist. reservatórios	Distância do transecto ao reservatório mais próximo
Dist. Caminho de ferro	Distância do transecto à linha de caminho de ferro mais próxima
Dist. Núcleo	Distância do transecto ao centro urbano
Dist. Rede Natura 2000	Distância do transecto à Rede Natura 2000 mais próxima
Índice HH 750 e 2000	Índice da Pegada Humana
Misto 750 e 2000	Percentagem da superfície coberta por solo perturbado, semi-artificial
N.º Cabeças Bovinos	Número de cabeças de bovinos registados na Comunidade de Madrid
NºCabeças Caprinos	Número de cabeças de caprinos registadas na Comunidade de Madrid
Nº de cabeças Ovinos	Número de cabeças de ovinos registadas na Comunidade de Madrid
Nº edifícios	Número de edifícios
Temperatura média	Temperatura média anual (medida em ºC) no período
Altitude	Distância vertical entre o ponto médio do transecto em relação ao nível do mar (medida em metros)
IA Gato	Índice de abundância relativa do gato-bravo
IA Raposa	Índice de abundância relativa da raposa
IA Coelho	Índice de abundância relativa do coelho

Tabela 2: Lista das variáveis climáticas utilizadas neste estudo.

Variable	Nombre	Traducción	Descripción
BIO1	Annual Mean Temperature	Tº anual media	
BIO2	Mean Diurnal Range (Mean of monthly (max temp - min temp))	Rango diurno medio	Diferencia de Tº entre el punto más bajo y el más alto de un día
BIO3	Isothermality (BIO2/BIO7) (×100)	Isotermalidad (BIO2/BIO7) (×100)	Índice de variabilidad de Tº. Mide lo que cambia la Tº diariamente.
BIO4	Temperature Seasonality (standard deviation ×100)	Variabilidad estacional de la temperatura (desviación estándar ×100)	Mide la amplitud de las fluctuaciones de temperatura entre las estaciones.
BIO5	Max Temperature of Warmest Month	Tº Máx. Del mes más caluroso	
BIO6	Min Temperature of Coldest Month	Tº mín. Del mes más frío	
BIO7	Temperature Annual Range (BIO5-BIO6)	Rango Tº annual	
BIO8	Mean Temperature of Wettest Quarter	Tº media del trimestre más húmedo	
BIO9	Mean Temperature of Driest Quarter	Tº media del trimestre más seco	
BIO10	Mean Temperature of Warmest Quarter	Tº media del trimestre más caluroso	
BIO11	Mean Temperature of Coldest Quarter	Tº media del trimestre más frío	
BIO12	Annual Precipitation	Precipitación anual	
BIO13	Precipitation of Wettest Month	Precipitación del mes más húmedo	
BIO14	Precipitation of Driest Month	Precipitación del mes más seco	
BIO15	Precipitation Seasonality (Coefficient of Variation)	Variabilidad estacional de precipitación	Mide la amplitud de las fluctuaciones de precipitación entre las estaciones
BIO16	Precipitation of Wettest Quarter	Precipitación del trimestre más húmedo	
BIO17	Precipitation of Driest Quarter	Precipitación del trimestre más seco	
BIO18	Precipitation of Warmest Quarter	Precipitación del trimestre más caluroso	
BIO19	Precipitation of Coldest Quarter	Precipitación del trimestre más frío	

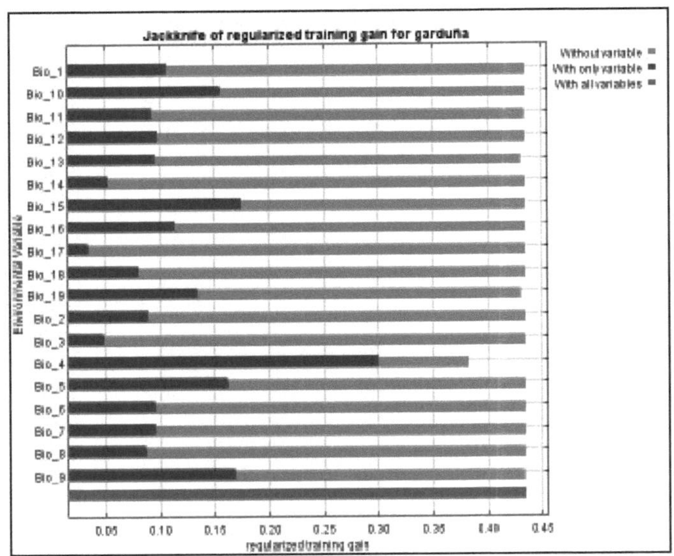

Figura S1. Resultado do teste Jackknife com variáveis climáticas e dados de treino por MaxEnt.

Tabela 3: Resultados da análise MaxEnt mostrando a contribuição e a importância das variáveis climáticas utilizadas no modelo de distribuição.

Variável	**Contribuição (%)**	**Importância da permutação (%)**
Bio_1 Temperatura média anual	0,4	0,8
Bio_2 Amplitude diurna média	0	0
Bio_3 Isotermalidade	0	0,2
Bio_4 Variabilidade sazonal da temperatura	**40,4**	**11,6**
Bio_5 Temp. máxima do mês mais quente	0	0
Bio_6 Temp. mínima do mês mais frio	**8,6**	**28,7**
Bio_7 Intervalo anual de Tº	1,7	10
Bio_8 Temperatura média no trimestre mais húmido	0	0
Bio_9 Temperatura média do trimestre mais seco	**11,6**	**13,6**
Bio_10 **Temperatura média do trimestre mais quente**	0,3	0
Bio_11 Temperatura média do trimestre mais frio	0,3	1
Bio_12 Precipitação anual	0	0
Bio_13 Precipitação do mês mais húmido	**1,8**	**9,7**
Bio_14 Precipitação do mês mais seco	0,2	0,8
Bio_15 Variabilidade sazonal da precipitação	**9,2**	**0,7**
Bio_16 Precipitação no trimestre mais húmido	0,2	4

Bio_17 Precipitação do trimestre mais seco	0	0
Bio_18 Precipitação do trimestre mais quente	0	0
Bio_19 Precipitação do trimestre mais frio	**25,4**	**18,8**

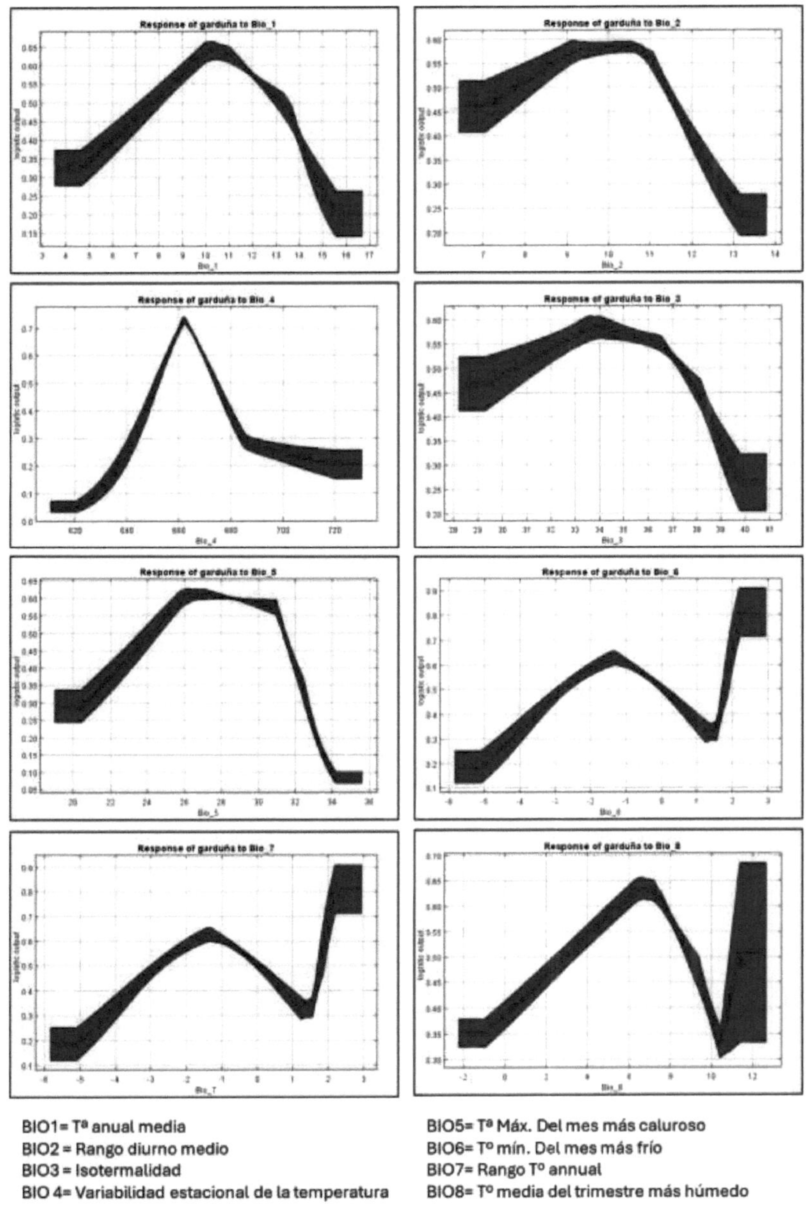

Figura S2. Curva de resposta de variáveis climáticas selecionadas adequação do habitat da marta na Comunidade de Madrid.

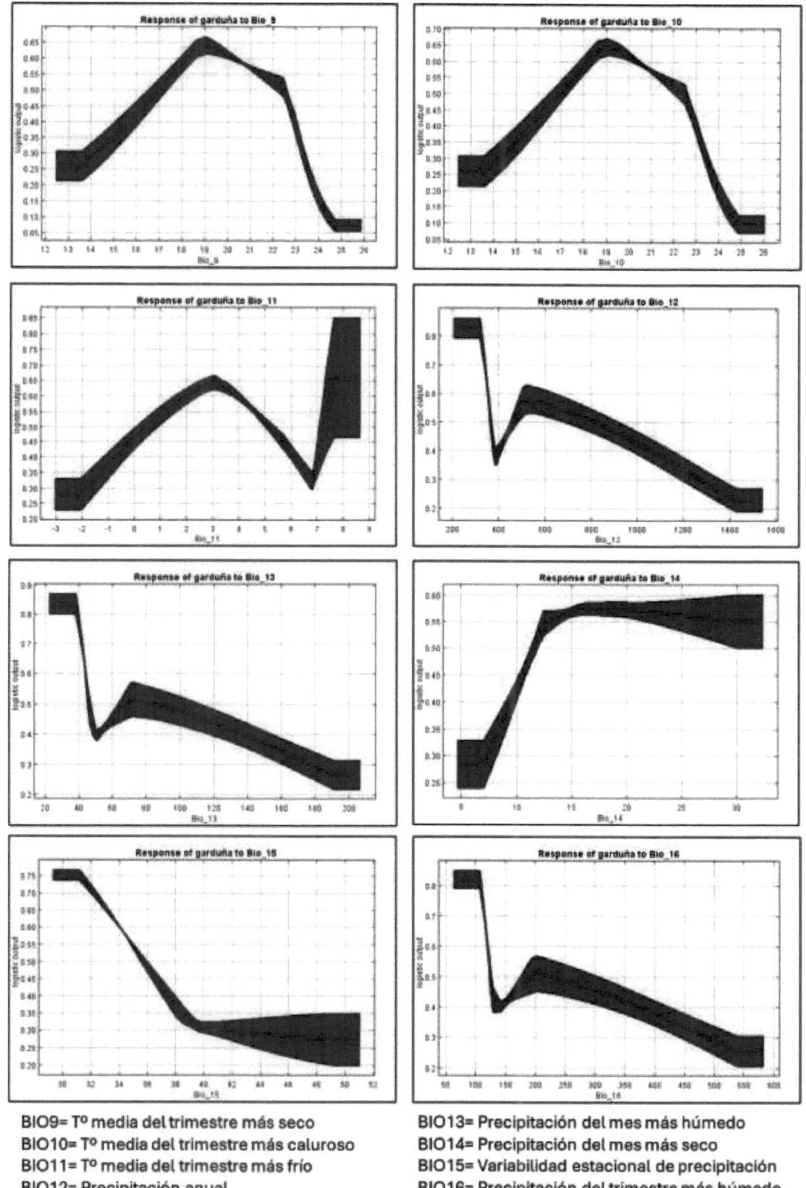

Figura S3. Curva de resposta de variáveis climáticas selecionadas adequação do habitat da marta na Comunidade de Madrid.

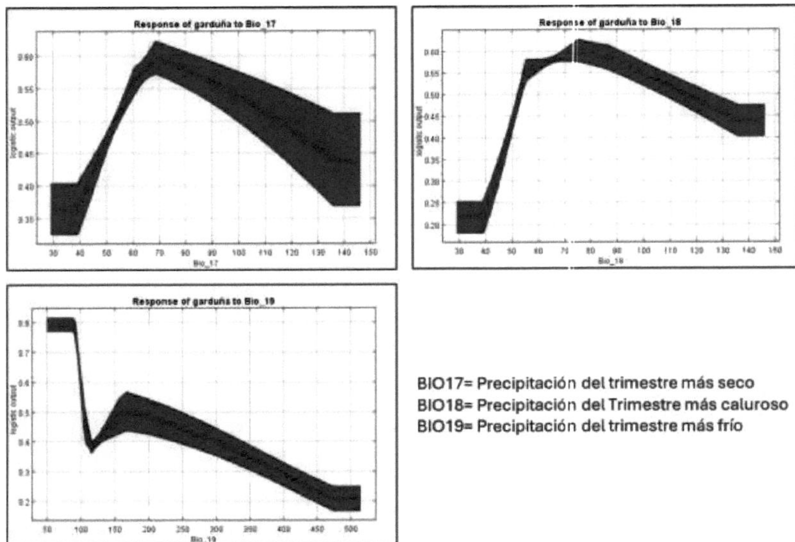

Figura S4. Curva de resposta de variáveis climáticas selecionadas adequação do habitat da marta na Comunidade de Madrid.

I want morebooks!

Buy your books fast and straightforward online - at one of world's fastest growing online book stores! Environmentally sound due to Print-on-Demand technologies.

Buy your books online at
www.morebooks.shop

Compre os seus livros mais rápido e diretamente na internet, em uma das livrarias on-line com o maior crescimento no mundo! Produção que protege o meio ambiente através das tecnologias de impressão sob demanda.

Compre os seus livros on-line em
www.morebooks.shop

info@omniscriptum.com
www.omniscriptum.com

Printed by Books on Demand GmbH, Norderstedt / Germany